L'ÉRUPTION

DU

VÉSUVE

En avril 1872

PAR

M. LE DOCTEUR GUIRAUD

Membre de la Société des Sciences, Belles Lettres et Arts
de Tarn-et-Garonne.

––––

(Extrait du *Recueil de la Société des Sciences, Belles-Lettres et Arts
de Tarn-et-Garonne*).

MONTAUBAN,
IMP. COOPÉRATIVE, RUE BESSIÈRES, 25. J. VIDALLET.

––––

1872.

L'ÉRUPTION

DU

VÉSUVE

En avril 1872

PAR

M. LE DOCTEUR GUIRAUD.

———

(Extrait du Recueil de la Société des Sciences, Belles-Lettres et Arts de Tarn-et-Garonne).

MONTAUBAN,

IMP. COOPÉRATIVE, RUE BESSIÈRES, 25. — J. VIDALLET.

—

1872.

L'ÉRUPTION

DU

VÉSUVE

En avril 1872

PAR

M. LE DOCTEUR GUIRAUD

Membre résidant.

———∞◦◦◦§◦◦◦∞———

J'ai eu la bonne fortune de me trouver à Naples pendant
l'éruption qui vient d'avoir lieu au Vésuve, et de pouvoir
suivre les phases de ce grandiose phénomène.

Témoin ému et attentif de cette *révolution* de la nature,
je me suis efforcé de décrire aussi fidèlement que possible
ce que j'ai observé. Bien que des notes de touriste, recueillies
au jour le jour et en courant, ne puissent avoir, au point de
vue de la rigueur scientifique du moins, que des prétentions
fort modestes, j'ai pensé néanmoins que ce récit emprun-
terait un certain intérêt à la grandeur et au dramatique du
sujet.

Cette éruption, en effet, qui, pendant quelques jours, a
occupé toute l'Europe, a été une des grandes éruptions du
siècle. Elle a laissé dans le pays des traces qui ne s'effa-

ceront de longtemps. Une lave, encore fumante, recouvre
des milliers d'hectares couverts naguère d'une riche moisson.
De joyeux villages ont disparu sous le torrent de feu, et une
grande partie des habitants des environs du Vésuve doivent
aujourd'hui leur asile et leur pain à la charité publique.

Et si, laissant de côté ces désastres tout matériels, l'on
envisage le phénomène au point de vue scientifique, est-il
besoin de dire quels enseignements peut nous fournir l'observation attentive de ces cataclysmes ? N'est-ce point là que
nous devons aller chercher des *témoins* et des preuves pour
l'appréciation des changements dont la terre a été autrefois
le théâtre, et pour la démonstration de cette grande vérité
que la géologie moderne tend de plus en plus à mettre en
lumière : la perpétuité et l'immutabilité des actions cos-
miques.

I.

En face de cette grande et joyeuse ville de Naples, de
l'autre côté de la baie, en avant des derniers chaînons des
Apennins, qui forment comme une ceinture au golfe, s'élève
une montagne isolée et d'une conformation bizarre : c'est le
Vésuve, dont la gravure et la photographie ont rendu la
forme et l'aspect familiers à tous. Sa base, qui constitue plus
des deux tiers de sa masse, et dont les croupes arrondies et
les pentes douces viennent se perdre d'une part dans la mer,
de l'autre dans la riche plaine de la Terre-de-Labour, est sur-
montée de deux sommets : celui du Sud, en forme de pain
de sucre, est le cône proprement dit avec ses cratères ;
le second, celui du Nord, appelé la *Somma*, forme, au Nord,
au Nord-Est et au Sud-Est, autour du cône, un cirque incom-
plet dont les parois, doucement inclinées à l'extérieur et se

continuant avec la base de la montagne, sont, au contraire, tout-à-fait escarpées sur le côté faisant face au cône. Nous verrons, plus tard, quelle est l'origine de la *Somma* et la raison de sa forme.

Entre la *Somma* et le cône, existe une haute vallée (720 mètres au-dessus de la mer) que l'on nomme *l'Atrio del Cavallo*, et qui a joué un grand rôle dans les événements dont je retrace le récit. Cette vallée se continue à l'Ouest avec un plateau (le *Piane*), interrompu par une sorte de petit monticule ou promontoire sur lequel sont construits l'Observatoire et la mauvaise auberge si connue sous le nom d'Hermitage. C'est là que les étrangers naïfs s'arrêtent pour goûter un *lacryma christi* d'une authenticité douteuse.

Sauf ces deux habitations, toute la partie supérieure de la la montagne est déserte et inculte. Ce ne sont que scories, cendres, laves solidifiées aux couleurs sombres; *vomissements du Vésuve tant anciens que modernes, l'abomination de la désolation en un mot,* comme le dit, dans ses lettres si étincelantes de verve et si amusantes, le spirituel président de Brosses. Quelques maigres arbustes, principalement des genêts et des cytises, quelques plantes des rochers arides, animent seuls cette solitude.

Le tiers inférieur, en revanche, moins souvent atteint par les éruptions, d'une fertilité merveilleuse, est couvert de vignes à la luxuriante végétation, de bastides, de jardins, de villages qui forment une blanche ceinture à la montagne. A l'Ouest, baignant leur pieds dans la mer, sont Portici, Résina, Torre del Greco, Torre de l'Annunziata, faubourgs de Naples. Au Nord et à l'Est, Somma, Saint-Anastasia et Ottajano. Un peu plus haut, coquettement placés sur le revers occidental, San-Sebastiano, San-Georgio a Cremano, Massa di

Somma, etc. Cet aperçu, très-abrégé de la topographie vésuvienne, permettra de mieux saisir les détails dans lesquels
je serai obligé d'entrer.

Depuis quelques années, le Vésuve ne se repose guère. En
1867-68 eut lieu la dernière éruption qui dura plus de six
mois, avec des alternatives de recrudescence et de tranquillité,
et qui éleva d'une centaine de mètres le grand cône par les
amas de lave sortie du cratère principal. En 1871 il y eut
aussi une période assez courte d'activité ; enfin, pendant la
pleine-lune de mars, il y eut issue d'une certaine quantité
de lave dans l'*Atrio del Cavallo*.

A mon arrivée à Naples, le 11 avril, une fumée assez
abondante, surtout vers le soir, et à laquelle se mêlaient, la
nuit, quelques jets de flammes, couronnait le cône et annonçait le travail qui s'accomplissait dans les flancs de la montagne. La petite éruption de mars avait donné lieu à un
nouveau cratère, et pendant mon séjour il s'en ouvrit deux
autres. Ceux qui faisaient l'ascension du Vésuve pouvaient
voir, la nuit, la lave incandescente bouillonner au fond du
gouffre.

Le 23, M. Palmieri annonçait que le sismographe de
l'Observatoire était un peu agité.

Dans la matinée du 24, au-dessous du cratère principal,
s'ouvrit une petite fissure d'où s'échappa une certaine quantité de lave. J'étais allé le jour même à Capri, ignorant les
symptômes précurseurs de l'orage, et ce fut à mon retour
seulement que j'aperçus, pour la première fois, de sur le
pont du bateau à vapeur qui me ramenait à Naples, la lave
débordant du cratère, et facilement reconnaissable à l'abondante fumée qui s'en dégageait.

Mais la nuit nous préparait un spectacle bien autrement
grandiose et imposant : dès que le soleil eut disparu der-

rière le Pausilippe, le sommet de la montagne commença à s'illuminer des plus vives lueurs, et à mesure que les ombres devenaient plus épaisses, cet immense incendie semblait croître en intensité et prendre de plus formidables proportions.

« De mémoire d'homme, me dit un Napolitain de mes amis que je rencontrai sur ma route, nous n'avons vu rien de pareil. »

Et nous courûmes ensemble sur le môle pour voir de plus près ce spectacle alors dans toute sa splendeur.

Au sommet de la montagne, trois fournaises d'où paraissent s'échapper d'immenses jets de flammes et des nuages de fumée. Ces nuages de fumée s'élèvent lentement vers le ciel, et peu à peu s'étalent en prenant, suivant l'heureuse comparaison de Pline-le-Jeune, la forme d'un gigantesque pin parasol. Au milieu de cette fumée, des milliers d'étincelles éclatent dans les airs et rappellent ces bouquets de fusées qui terminent nos feux d'artifice. Sur les flancs du cône, plusieurs torrents de feu descendent en s'élargissant et en se rejoignant dans leur course. Aux pieds du Vésuve la mer reflète la rouge lueur de la lave incandescente, et semble être elle-même la proie de l'incendie.

Tandis que le Vésuve est le théâtre des plus violentes manifestations du travail souterrain, autour tout est calme et sérénité dans la nature. La surface des flots est à peine ridée par une douce brise du large ; la lune, une splendide pleine-lune, s'élève au-dessus de Castellamare, et ses blancs rayons qui éclairent le fond du paysage, les monts de Sorrente, l'île de Capri et la haute mer, forment, avec la rouge clarté du volcan, une merveilleuse opposition de teintes.

Cette tranquillité des éléments, déjà observée dans l'éruption de 1794 (1), mérite d'être remarquée. L'on sait, en effet, les perturbations profondes que de pareils cataclysmes entraînent d'ordinaire dans l'atmosphère et dans l'Océan. Le récit de Pline-le-Jeune sur l'éruption de l'an 79 (2), nous décrivant la mer tantôt se retirant de son lit, tantôt envahissant le rivage, nous en est une preuve.

Pendant une partie de la nuit, une foule immense, bruyante, animée, exprimant avec vivacité ses impressions, stationna sur le môle, sur le quai Sainte-Lucie et surtout sur le Corso Victor-Emmanuel, cette voie nouvelle qui serpente, au-dessus de Naples, de Capodimonte à la Mergellina, et d'où l'on domine et la ville et ses merveilleux environs.

Moi-même, monté sur une barque qui m'avait conduit au milieu du golfe, en face du Vésuve, j'admirais, sans pouvoir me lasser, ce contraste, entre ce calme de la nature, cette insouciance et cette gaîté des hommes d'une part, et ces terribles convulsions d'autre part, qui, à quelques milliers de mètres de nous, allaient sans doute bouleverser une montagne, changer sa forme, sa hauteur, détruire peut-être des villes et toute une végétation luxuriante, soulever de nouveaux cônes et ouvrir de nouveaux gouffres. Je songeais alors aux réflexions si judicieuses de l'illustre géologue Ch. Lyell. Après avoir énuméré les découvertes que pourront faire dans ces contrées les géologues futurs, lorsque le temps aura apporté des modifications dans l'ordre de choses actuel et aura éteint le Vésuve comme il a éteint les volcans de l'Auvergne, il ajoute :

« Si les observateurs, qui se livreront à l'étude de ces phénomènes et à la recherche de leurs causes, admettent

(1) Sc. Breislak. — *Voyages physiques et lithologiques dans la Campanie*, trad. de l'italien, t. I, p. 208 et 216.

(2) Pline-le-Jeune. — *Lettres*.

qu'à certaines époques les lois de la nature ou le cours général des événements naturels différaient extrêmement de ce qu'ils observent de leurs jours, ils n'hésiteront pas à rapporter à ces âges primitifs les monuments merveilleux dont il est question. D'un autre côté, s'ils considèrent les preuves nombreuses des catastrophes répétées auxquelles fut sujette la région qu'ils étudient, peut-être plaindront-ils la fatale destinée des êtres condamnés à habiter une planète à l'état naissant et chaotique, et se féliciteront-ils de ce que leur race privilégiée ait échappé à de telles scènes de désordre et de confusion (1). »

Vers le matin l'éruption avait pour ainsi dire cessé. Dans la journée du 25, on n'apercevait plus au sommet du cône qu'une fumée assez épaisse. On s'attendait bien cependant pour le soir et pour la nuit à une recrudescence.

Diverses circonstances avaient retardé la visite que je comptais faire au Vésuve ; je ne pouvais trouver de meilleure occasion, et à 6 heures du soir je me dirigeais, en voiture, vers Résina, habituellement le point de départ de l'ascension. Un guide, cicerone, minéralogiste, géologue, etc.. m'avait été tout spécialement recommandé. Hélas ! il était aussi recommandé par *Murray* à tous les fils d'Albion, et j'avais compté, pour obtenir d'un aussi illustre personnage un pareil honneur, sans mon mince équipage et mon accent un peu trop français : aussi fus-je accueilli si dédaigneusement par ce protégé de *Murray Handboock* que je crus devoir tout modestement aller m'adresser aux guides *de tout le monde*, c'est-à-dire à l'agence. Un quart d'heure après, perché sur un cheval légèrement poussif, et en compagnie d'un brave cicerone n'ayant aucune prétention géologique ni

(1) *Principes de géologie*, t. I, p. 855.

minéralogique, je gravissais la belle route qui mène à l'Observatoire.

Après avoir cheminé quelque temps au milieu des vignes, des villas et des jardins qui font de la base du Vésuve un de ces petits *coins du paradis terrestre* si nombreux aux environs de Naples, nous arrivâmes à la coulée de lave de 1858 qui détruisit l'ancienne route et dans laquelle on a dû creuser la route actuelle. A partir de ce point, le paysage prend un aspect sauvage et désolé. Tout autour de vous, ce n'est qu'un vaste champ de lave dont la superficie mamelonnée et sillonnée ressemble aux vagues d'une mer tout-à-coup solidifiée. La nuit qui tombait rapidement nous cacha bientôt la tristesse et la monotonie de ce spectacle et mit brutalement fin à mes velléités botaniques et géologiques. D'ailleurs le vrai spectacle était plus loin : tandis que le sourd grondement du volcan devenait de plus en plus distinct, nous apercevions le sommet de la montagne commençant à s'embraser.

Nous arrivâmes bientôt au monticule de l'Hermitage où nous laissâmes nos chevaux, et après un *lunch* plus que modeste, mais arrosé, il est vrai, d'un petit vin blanc clairet et doux, très-chèrement payé, sous prétexte de *lacryma christi*, je me dirigeai vers l'Observatoire. Une lettre d'un professeur de l'Université de Naples m'en ouvrit les portes, et me valut une gracieuse réception de *l'assistant* de M. Palmieri.

Il était malheureusement bien tard pour visiter et examiner à loisir la belle collection de laves et de roches du Vésuve, le volcan le plus riche en espèces minéralogiques (1).

---

1) Sur un espace de sept kilomètres carrés on a trouvé un plus grand nombre de minéraux simples que dans aucun autre point du globe sur une égale étendue. Sur 380 espèces établies par Haüy, on en a trouvé 82 sur le Vésuve et la *Somma*. Plusieurs sont spéciales à la localité.

collection réunie avec tant de soin par l'illustre savant. J'avais hâte, d'ailleurs, de voir les instruments d'observation et leur attitude en face de la terrible éruption qui s'annonçait.

Tout le monde a entendu parler du sismographe, cet ingénieux instrument destiné à déceler les secousses du sol. Le principe sur lequel il est fondé est des plus simples. Une cuvette de mercure, placée sur une table reposant solidement sur le sol, de façon à n'être ébranlée par aucune secousse accidentelle, est en communication avec un courant voltaïque. Au-dessus de la surface du mercure et à une très-faible distance, est suspendue, au moyen d'une spirale métallique à système compensateur, une tige d'acier qui fait partie du circuit électrique. Celui-ci agit sur le mouvement d'une horloge chronomètre. En temps normal le circuit n'étant point fermé, il ne se produit point de courant; mais qu'une oscillation du sol se produise, la surface du mercure en recevra le contre-coup et viendra toucher la pointe d'acier, d'où fermeture du circuit, production d'un courant et, comme conséquence, arrêt du chronomètre, qui indiquera ainsi l'heure, la minute, la seconde à laquelle s'est produite l'oscillation.

Le sismographe, chose singulière, était parfaitement tranquille au moment où je le vis, et nous ne pûmes nous empêcher, l'assistant et moi, de nous étonner de cette indifférence en présence de la violence des manifestations du travail s'opérant sous nos pieds. Cette tranquillité, du reste, ne fut pas de longue durée. Quelques heures après, l'agitation continue de l'instrument annonçait l'ébranlement de la montagne sous l'influence des forces souterraines.

Ma première intention, en montant au Vésuve, était de faire l'ascension du cône. Mais une fois à l'Observatoire, je dus reconnaître l'impossibilité de la tentative, ou du moins le danger qu'elle présentait. Force était de me borner à aller jusqu'à la lave dont l'extrémité était en ce moment dans l'*Atrio del Cavallo*.

Par une nuit fort noire, et éclairés seulement par la lueur de la torche que portait le guide, nous nous dirigeâmes vers ce point. Après une heure d'une ascension fort pénible, tantôt à travers les cendres, tantôt à travers les scories dont les aspérités déchiraient nos chaussures et blessaient nos pieds, nous atteignîmes l'étroite et profonde vallée dans laquelle cheminait le courant de lave.

Nous étions tout près du monstre et nous pouvions enfin observer à loisir sa fureur. Le sommet du cône présentait le même aspect qui nous avait tant frappés la veille. Seulement la proximité nous rendait plus sensibles les détails et nous permettait de mieux analyser le phénomène.

Ce qui nous avait paru de loin être des jets de flammes sortant des cratères n'était que d'épais nuages de fumée dans lesquels se reflétait le feu intérieur (1). Ces étincelles, que nous comparions à des pièces d'artifices, étaient des *lapilli,* des ponces incandescents, des bombes volcaniques qui, lancés à plusieurs centaines de mètres de hauteur, retombaient dans le cratère ou roulaient avec fracas sur les pentes rapides de la montagne. Cette grêle d'obus d'un nouveau genre me faisait comprendre le peu d'enthousiasme qu'avait

(1) Quand on rencontre les mots flamme et fumée dans la description des phénomènes volcaniques, on doit généralement leur attribuer un sens figuré. Ce que l'on prend pour des flammes n'est autre chose que les vapeurs, les scories et une poussière impalpable éclairés par cette lumière vive qui émane du cratère situé au-dessous, où la lave brille, dit-on, d'un éclat comparable à celui du soleil. Quant aux nuages de fumée, ils sont formés, soit de vapeurs d'eau et d'autres vapeurs, soit de scories en poussière extrêmement fine. (Ch. LYELL, *loc. cit.*, t. I, p. 814.)

manifesté mon guide lorsque je lui avais parlé de gravir le cône. Trois courants de lave d'un rouge cerise ardent descendaient le long des flancs du cône en suivant les ravins ; à gauche un autre courant, beaucoup plus considérable, paraissant sortir d'un cratère que nous apercevions au fond de l'*Atrio del Cavallo*, remplissait cette vallée et s'avançait lentement vers nous.

La progression sur ce terrain à peu près plan était presque insensible à la vue, aussi la lave se figeait-elle à la surface sur plusieurs points en perdant rapidement son incandescence. A nos pieds cependant elle était encore rouge et liquide, et malgré la chaleur qui s'en dégageait, nous pûmes nous amuser à prendre des empreintes et à enfoncer dans cette matière pâteuse et visqueuse nos bâtons qui s'y enflammaient aussitôt.

Ce courant pouvait bien avoir, à l'extrémité où nous nous trouvions, un mètre d'épaisseur, mais comme il s'amincissait rapidement à cette extrémité, sa profondeur devait être beaucoup plus considérable à son origine et à son milieu. Sa largeur était mesurée par la largeur même de la vallée, vallée assez étroite comme nous l'avons dit, puisqu'elle est limitée d'une part par le cône, et de l'autre par les pentes abruptes de la *Somma*. Quant à sa longueur, elle était difficile à évaluer en ce moment, à cause de l'impossibilité d'apprécier le point précis où se trouvait le cratère qui lui donnait issue.

Tout ce travail volcanique était loin de s'accomplir en silence. C'était un grondement continu semblable à celui d'un tonnerre rapproché, et renforcé, plusieurs fois par seconde, par des détonations subites, produites, sans doute, par l'éclatement des bombes lancées par le cratère.

Ce grondement paraissait se répercuter dans les cavités souterraines de la montagne, et bien que le sol fût ferme sous nos pas, on ne pouvait se défendre d'une sensation singulière, comme si le terrain allait tout-à-coup s'affaisser et se dérober sous nos pieds.

Après une longue station au milieu de cette belle horreur, pour me servir d'une expression dont on a peut-être un peu abusé, mais qui rend on ne peut mieux les impressions ressenties, il nous fallut songer à reprendre le chemin de l'Observatoire : l'heure s'avançait, et les torches étaient presque entièrement consumées. La descente dans l'obscurité et sur ce sol mouvant de cendres, de ponces et de scories, ne fut guère moins pénible que l'ascension. En revanche, nous parcourûmes rapidement la route de l'Observatoire à Résina, sur laquelle nous croisâmes quantité de voitures et de caravanes de piétons. Cette nuit là le Vésuve était un but de promenade vers lequel se dirigeait une partie de Naples. A chaque détour du chemin, des industriels nous offraient des cigares, du feu, des limonades et du *sambo* glacé, ces objets de première nécessité pour tout Napolitain.

Pendant tout le trajet de Résina à Naples, je me retournai bien souvent pour jouir plus longtemps de l'incomparable spectacle que j'avais derrière moi. Les trois courants de lave que j'avais vu arrivant à peine à la moitié de la hauteur du cône, avaient atteint à cette heure l'*Atrio del Cavallo*. Ils s'étaient réunis et formaient un large fleuve de feu courant toute la partie Nord. Il était près de deux heures du matin lorsque je rentrais à l'hôtel.

Le lendemain matin, à mon lever, des bruits sinistres commençaient à courir dans Naples. L'on parlait d'une grande catastrophe arrivée dans la nuit, de nombreuses victimes surprises par la lave, de blessés arrivant à chaque instant de Résina. Avec une population aussi vive et aussi impressionnable que celle de Naples, inutile de dire combien toutes ces rumeurs s'exagéraient en passant de bouche en bouche et prenaient d'effrayantes proportions. Même aujourd'hui, il est encore bien difficile de savoir au juste ce qui s'est passé, tant les versions ont été contradictoires. Ce qu'il y a de certain, c'est qu'il y a eu d'assez nombreuses victimes. Quelques personnes n'ont jamais reparu, et l'on a rapporté, à ma connaissance, dans les hôpitaux de Naples, au moins une trentaine de personnes, la plupart mortes des suites de leurs blessures.

Que s'était-il donc passé dans cet *Atrio del Cavallo* où nous nous trouvions quelques heures auparavant?

A ce propos, permettez-moi de reproduire le récit d'un témoin oculaire, qui vous donnera une idée de l'effarement et du trouble de ceux qui se trouvaient sur les lieux : « Vers quatre heures du matin, nous nous trouvions à cheval dans le sentier un peu au-dessous de l'Observatoire. Tout-à-coup un bruit sourd et profond nous fit tourner les yeux en arrière, et nous vîmes comme si toute la montagne s'incendiait. Les bandes noires que nous apercevions auparavant entre les deux courants de lave avaient disparu, et la flamme s'avançait et s'étendait sur tout le plateau de vieille lave où nous nous trouvions quelques minutes auparavant. L'épouvante n'avait pas encore eu le temps de naître dans notre âme, que déjà ce spectacle terrible avait disparu, et, à la place, apparut comme une nouvelle montagne plus menaçante et plus noire que la première, qui se précipitait et arrivait sur nous avec une vitesse vertigineuse. C'était une horrible bouffée de fumée si épaisse qu'elle plongea dans de noires ténèbres les lieux où, quelques secondes auparavant, était un immense incendie. Elle répandit une telle odeur de soufre et de bitume qu'aussitôt nous détournâmes le visage, sentant la respiration nous manquer. Nous cherchâmes alors instinctivement notre salut dans la fuite, et, derrière nous,

nous entendions les cris désespérés d'autres fugitifs. »

Sur les flancs du cône, au-dessus de San-Sebastiano, il venait de s'ouvrir, en effet, une immense fissure d'où sortit une colonne de feu et de fumée. De violents grondements ébranlèrent en même temps le sol, et les cratères supérieurs cessèrent tout-à-coup de rejeter des matières volcaniques. En un instant cette colonne de fumée couvrit, sur une grande étendue, la montagne et enveloppa les malheureux curieux qui se trouvaient, en assez grand nombre à cette heure, dans l'*Atrio del Cavallo*. Quelques-uns trouvèrent leur salut dans la fuite, mais beaucoup, aveuglés par la fumée, ne sachant dans ces ténèbres de quel côté se diriger, furent atteints par la lave qui les talonnait ou par les vapeurs brûlantes s'échappant de la fissure.

Cette ouverture subite d'une crevasse, dans des points assez éloignés des anciens cratères, est, dans l'histoire des éruptions volcaniques, un phénomène assez fréquent. Tous les touristes qui ont séjourné quelques jours à Naples sont allés visiter les champs Phlégréens et se sont arrêtés devant le *Monte-Nuovo*, cette montagne isolée, de 134 mètres de hauteur qui, en 1538, se forma en quelques heures à l'endroit où se trouvait auparavant le lac Lucrin.

Suivant le récit d'un témoin occulaire, *Pietro Giacomo de Tolède*, les phénomènes qui se produisirent alors ressemblèrent beaucoup à ceux qui ont été observés dans l'éruption actuelle.

« Le 27 et le 28 du mois de septembre dernier les secousses ne discontinuèrent pas à Pouzzoles; la plaine, comprise entre le lac d'Averne, le Monte-Barbaro et la mer, fut un peu élevée, et il s'y *produisit plusieurs fissures* dont quelques-unes laissaient échapper de l'eau..... Enfin le 29 du même mois, vers deux heures de la nuit, *la terre s'ou-*

vrit près du lac, et laissa voir une bouche formidable qui vomit avec fureur de la fumée, du feu, des pierres et de la boue composée de cendres. Le déchirement du sol se fit avec un bruit comparable à celui du tonnerre le plus terrible, et les pierres, rejetées, étaient converties en pierres ponces dont quelques-unes étaient plus grosses qu'un bœuf (1). »

La grande et célèbre éruption de 1794 commença aussi par l'ouverture d'une fissure à la base du cône. « Après une violente secousse de tremblement de terre, dit Sc. Breislak, qui a observé cette éruption avec beaucoup de soin, s'ouvrit à la base occidentale du cône, dans le lieu appelé la *Pedamentina* et au milieu des laves antiques, une bouche qui vomit un torrent de lave. La longueur de cette ouverture était de 7 hectomètres 711 décimètres, et sa largeur de 77 mètres (2). »

Tandis qu'à la base du cône se produisait cette violente éruption, le sommet était parfaitement tranquille, et on n'apercevait aucun phénomène anormal autour de son cratère.

Mais revenons à l'éruption d'avril dernier. Pendant qu'à Naples chacun attendait avec anxiété, qui un parent, qui un ami, la route de Portici offrait un spectacle non moins émouvant. C'était une procession de voitures, de charrettes, de véhicules de toute sorte, chargés de meubles, d'outils, de récoltes, et accompagnés par les habitants des villages menacés, se livrant, avec l'exubérance des peuples méridionaux, à toutes les manifestations de leur désespoir.

La lave continuait, en effet, sa marche terrible. Divisée par le monticule de l'Observatoire, elle débordait de chaque

---

(1) Sir W. Hamilton. — *Campi Phlegrei*, p. 70.

(2) Sc. Breislak. — *Loc. cit.*, t. I, p. 200.

côté le *Piane* et descendait, au Nord, vers Massa et San-Sebastiano, et au Sud vers Torre del Greco.

Deux heures ne s'étaient pas écoulées que le courant N.-O. couvrait une partie des flancs occidentaux de la montagne et présentait une largeur de près d'un kilomètre. La lave n'était plus qu'à quelques centaines de mètres des premières maisons de San-Sebastiano, et quelques minutes après on voyait celles-ci disparaître une à une dans le nuage de fumée qui cachait le Vésuve et qui, dans le jour, indiquait seule la direction de la lave. Le 26 au soir l'éruption était dans toute sa violence. Les courants de lave ressemblaient à d'immenses cascades de feu qui s'élargissaient toujours, en s'ouvrant vers la base de la montagne. De Naples même on entendait un mugissement sourd et continu, et dans les villages situés plus près du Vésuve l'on commençait à ressentir des secousses et des oscillations du sol de plus en plus fréquentes.

Le 27, à la pointe du jour, la violence du travail volcanique diminua un peu; les grondements souterrains étaient moins forts et plus rares. La lave qui, la veille, marchait avec une vitesse d'un kilomètre à l'heure, avançait beaucoup plus lentement, et Torre del Greco, Portici, Résina semblaient moins menacés. La montagne resta toute la journée invisible à Naples par suite des nuages de fumée qui l'enveloppaient.

Vers le soir commença une pluie de cendres noires et denses qui cacha encore plus complètement le Vésuve. De temps en temps seulement de magnifiques éclairs sillonnaient les nuages et illuminaient la montagne replongée aussitôt après dans l'obscurité. Le 28 au matin, M. Palmieri qui, dès le 26 au matin, s'était transporté à l'Observatoire vésuvien et qui, en vrai héros de la science, est resté jusqu'à la fin de l'éruption inébranlable à son poste si périlleux, annonçait que la lave était en décroissance et était en partie éteinte. Les instruments commençaient à reprendre un certain calme.

Le 28 au matin, la cendre, qui était tombée toute la nuit, avait couvert d'un épais manteau les rues de Naples et les toits des maisons. Le ciel était couleur de plomb avec des teintes plus ou moins foncées ; la lumière du jour était tellement terne et grise, que par instants il semblait que l'on allait être plongé dans l'obscurité.

Vers midi cette pluie de cendres cessa; un coup de vent balaya les nuages, le soleil et l'azur du ciel se montrèrent un instant ; ce répit fut de courte durée, car le ciel se couvrit de nouveau et les cendres recommencèrent à tomber vers 5 heures du soir.

La nuit et la journée du 29 furent terribles. Deux colonnes de feu, suivant les rapports de M. Palmieri, s'élançaient du cratère central à une hauteur prodigieuse. De la cendre, à laquelle s'étaient joints des *lapilli* incandescents, pleuvait, non-seulement sur le Vésuve, mais sur toute la ligne du chemin de fer méridional, à Angri, où se trouvait une poudrière fort menacée, à Viétri, et jusqu'à Salerne éloigné de plus de 30 kilomètres.

Dans les rues de Naples, la cendre tombée sur le sol avait plus de 2 centimètres d'épaisseur, et, autour de la montagne, elle atteignait 15 à 20 centimètres.

Un vrai fléau, du reste, que cette cendre fine et impalpable : voltigeant sans cesse dans l'air, elle pénétrait partout, dans les yeux, à la gorge, dans les bronches. Aussi chacun se renfermait-il chez soi, et les rues de Naples, d'ordinaire si animées, n'étaient traversées que par quelques rares passants que leurs affaires forçaient à sortir et qui cherchaient à se préserver, tant bien que mal, au moyen d'un parasol.

Dans les premiers temps, la municipalité cherchait à atténuer les inconvénients de cette désagréable poussière au moyen d'abondants arrosements. Plus tard, il se répandit le bruit, je ne sais sur quel fondement, que cette cendre renfermait une forte proportion d'acide sulfurique, et que les arrosements, entraînant cet acide, pouvaient être nuisibles à la salubrité publique. La municipalité s'empressa dès lors de faire cesser les arrosements, ce qui rendit le séjour de Naples encore plus insupportable.

Cette ville, du reste, si gaie, si joyeuse d'habitude, était devenue lugubre. Si quelques Anglais, toujours à la recherche des émotions, arrivaient en toute hâte pour jouir du spectacle, une grande partie de la population napolitaine, s'attendant à chaque instant à voir la ville subir le sort de Pompeï, se pressait aux gares des chemins de fer pour fuir. D'un autre côté la superstition et le fanatisme commençaient à se mettre de la partie. Des bandes de femmes couraient les rues, en implorant et injuriant à la fois saint Janvier, et demandaient, sur un ton menaçant, que l'on fît sortir la fameuse statue du saint. Grâce, cependant, à la sagesse des autorités municipales et à l'attitude énergique des troupes et de la garde nationale restée sur pied pendant la durée de l'éruption, on n'a eu ni troubles, ni malheurs à déplorer.

Dans la nuit du 29 au 30, les oscillations, le grondement du volcan devenaient de plus en plus violents lorsque, vers deux heures du matin, après une secousse plus forte que les autres, le travail souterrain s'apaisa presque subitement. Depuis ce moment, en effet, les phénomènes éruptifs décrurent rapidemment, et tout sembla rentrer dans l'ordre. Il ne reste malheureusement que trop de traces de la colère du volcan. Des villages détruits, des champs ravagés, le désert et l'incendie là où étaient naguère la vie et le mouvement.

II.

Par leur violence, par la puissance de leurs manifestations, ces phénomènes semblent échapper aux lois de la
nature qui procède, d'ordinaire, dans tous ses actes, avec tant
de calme et de lenteur. Ces éruptions volcaniques, qui
paraissent tout d'abord des révolutionnaires au premier chef,
sont cependant soumises à certaines lois ; elles ont un mode
d'évolution à peu près toujours le même.

Une revue rapide des éruptions vésuviennes, qui ont
précédé celle à laquelle nous avons assisté, est intéressante
à ce point de vue :

La première en date, la plus ancienne, au moins dans les
temps historiques, est l'éruption de l'an 79 après Jésus-
Christ. C'est aussi une des plus célèbres par ses conséquen-
ces, puisqu'elle entraîna l'ensevelissement d'Herculanum, de
Pompéi, de Stabies et la mort de Pline-l'Ancien. Tout le monde
connaît, du reste, la très-belle description qui nous en a été
laissée par Pline-le-Jeune dans ses deux lettres à Tacite.

A cette époque, le Vésuve était considéré comme un volcan
éteint, quelque chose comme les *puys* de l'Auvergne. Son
sommet, où n'existait point le cône actuel, était formé par
le cratère primitif, la *Somma* constituant alors un cirque
complet. Strabon est très-explicite à cet égard.

« Au dessus de ces campagnes, dit-il, s'élève le Vésuve
bien cultivé et habité, excepté à son sommet qui est *uni
dans presque toute son étendue* et entièrement stérile,
formé de cendres avec des enfoncements dans des terrains de
cendres qui semblent avoir été rongées par le feu ; de sorte
que l'on peut supposer que cette montagne a été primitive-

ment un volcan avec un cratère enflammé qui s'est éteint
faute d'aliments. »

Dans ce cratère, couvert de forêts, campa Spartacus avec
son armée. La catastrophe de 79 bouleversa toute la montagne, et entraîna la formation du cône actuel. Une partie
des parois de la *Somma* s'écroula, et sous les débris de ce
gigantesque écroulement, délayés par l'eau et transformés en
torrent de boue, furent englouties Herculanum et Pompeï.
Comme aujourd'hui, le pays fut plongé dans une obscurité
presque complète par la pluie de cendres. De plus, de
violentes secousses ébranlaient le sol à une distance considérable. A Misène même, qui est au moins deux fois plus
éloignée du Vésuve que Naples, le tremblement de terre était
si fort que tout le monde avait fui la ville, qu'en rase cam-
pagne on pouvait à peine se tenir debout et que les voitures,
qu'on avait emmenées, ne pouvaient être rendues stables sur
le sol qu'au moyen de grosses pierres (1).

Chose remarquable, Pline ne parle nulle part de courants
de lave, et si l'on examine, en effet, les matières sous lesquelles ont été ensevelies les villes romaines, on n'en trouve
pas de trace.

Le sol qui recouvre Pompeï n'est qu'un amas assez
incohérent de cendres volcaniques, de ponces et de *lapilli*.
Jamais, du reste, aucune discussion ne s'est élevée à cet
égard. Pour Herculanum il n'en a point été de même. Une
opinion fort accréditée, surtout parmi ceux qui ne l'ont
point visitée, veut que cette ville ait disparu sous un courant
de lave, et l'on attribue à cette cause le peu d'extension
qu'ont pris les fouilles. Le sol dans lequel est ensevelie Herculanum est, en effet, au moins en général, beaucoup plus

(1) Pline-le-Jeune. — *Loc. cit.*

consistant que celui qui recouvre Pompeï. Le théâtre, en particulier, est enveloppé dans une matière assez dure. Il suffit cependant d'un examen assez superficiel pour voir que cette matière ne diffère nullement du tuf volcanique qu'on rencontre en si grande abondance autour de Naples et de Rome. Or, ce tuf n'est autre que des cendres, du sable volcanique, délayés par l'eau. En d'autres endroits, sur le point, par exemple, où se faisaient les fouilles lors de ma visite, les matières sont presque incohérentes (1).

Une difficulté bien plus grave, bien plus insurmontable, s'oppose à ce que l'on mette à découvert, au moins en entier, cette ville si intéressante, et qui offrirait sans doute une mine bien riche aux explorations des archéologues et des artistes. Au-dessus d'Herculanum sont trois villes importantes, comptant ensemble plus de 30,000 habitants, Portici, Résina, Torre del Greco. Avec la meilleure volonté du monde, il est difficile, on l'avouera, d'exproprier pour cause d'utilité archélogique une population aussi nombreuse.

Comme l'a conseillé M. Beulé, l'on peut seulement acheter, au fur et à mesure que les occasions se présenteront, quelques terrains pour y continuer petit à petit les fouilles, et consacrer à cet objet une partie du produit des entrées à Pompeï. Lors de mon passage une douzaine d'ouvriers étaient occupés à dégager quelques pans de mur, mais les travaux ne m'ont pas paru être poussés avec une grande activité.

Les résultats obtenus déjà à Pompeï, grâce au zèle et au dévouement de l'illustre directeur des fouilles, M. Fiorelli,

---

(1) Le tuf qui enveloppe les bâtiments consiste en cendres volcaniques très-fines. Ce tuf, poreux et tendre, est facile à travailler au moment où il est extrait de son gisement, et acquiert une extrême dureté lorsqu'il est exposé à l'air (Ch. Lyell, *Loc. cit.*, t. II, p. 841). — Lire aussi la très-intéressante étude de M. Beulé à ce sujet, parue dans la *Revue des Deux-Mondes*, en 1868.

nous permettent néanmoins d'espérer qu'il sera fait pour
Herculanum tout ce qu'il est possible de faire, en tenant
compte des sérieux obstacles que nous avons énumérés.

Depuis l'an 79, les éruptions se sont succédé à des
intervalles plus ou moins rapprochés.

Suivant une tradition généralement acceptée, en 472 les
cendres furent portées jusqu'à Constantinople.

Après une éruption survenue en 1500, le Vésuve rentra
dans une période de repos qui dura 130 ans. Le cratère se
couvrit d'une riche végétation, et Braccini nous a laissé un
récit curieux de sa descente au fond du gouffre. Il le trouva
couvert de plantes et d'arbres; après être descendu à la
profondeur d'un mille, il traversa une caverne profonde, des-
cendit encore deux milles par un chemin fort rapide, ombragé
d'arbres, et arriva enfin à une plaine garnie à son pourtour
de grottes et de cavernes dans lesquelles il n'osa s'engager
à cause de leur obscurité. A ce compte, cette plaine devait
être, suivant la remarque de Breislak, bien au-dessous du
niveau de la mer. Ne vous semble-t-il pas entendre, à l'ouïe
de ces détails, un récit fantastique, comme notre ami J. Vernhes
aime à nous en donner dans son *Voyage au centre de la
terre*.

Après ce repos, eut lieu, en 1631, une des éruptions les
plus violentes et les plus complètes au point de vue des phénomènes observés. Pendant deux ou trois jours, le pays
environnant fut plongé dans une quasi-obscurité. Le cratère
rejeta, en quelques heures, 73 millions de mètres cubes de
lave qui couvrit une superficie de 14 millions de mètres
carrés sur une épaisseur de 7 à 10 mètres. Une pierre,
pesant 25,000 kilos, fut lancée jusqu'au village de *Somma*.
La condensation de la vapeur d'eau sortie du cratère entraîna des pluies abondantes qui, en se mêlant avec la

cendre et les débris rejetés par le cratère, formèrent des torrents de boue semblables à ceux qui avaient enseveli Herculanum. La hauteur de la montagne se trouva abaissée de
230 mètres, et la circonférence du cratère, qui avait 2 kilomètres, atteignit 5 kilomètres (1).

Dans le XVIIe siècle, le Vésuve eut quatre éruptions
seulement; dans le XVIIIe siècle vingt-et-une, et depuis 1800
on en a déjà observé vingt-deux principales.

Hâtons-nous de dire que toutes sont loin d'avoir la même
importance et d'entraîner les mêmes désastres que celle de
1872. Quelques-unes se bornent à un redoublement d'activité du cratère, à l'issue d'une petite quantité de lave et à
quelques légères secousses du sol.

Il faut remonter, je crois, jusqu'en 1794 pour trouver une
éruption comparable comme violence et comme ravages
exercés. Scipion Breislak, qui assista à cette éruption et qui
put la suivre d'assez près, en a laissé un récit fort détaillé.
Les phénomènes observés ressemblèrent beaucoup à ceux que
j'ai décrits à propos de l'éruption du mois d'avril.

L'éruption fut cependant précédée, trois jours avant, de
fortes secousses de tremblement de terre, à tel point que
beaucoup de Napolitains passèrent cette nuit hors de leur
maison. Ce fait n'a pas eu lieu, on le voit, dans l'éruption
actuelle.

Un immense courant de lave s'avança jusqu'à Torre del
Greco, qu'il détruisit en partie, et fit plus de 400 victimes.

Puis la montagne se couvrit d'une épaisse nuée qui la

(1) L'élévation du Vésuve au-dessus du niveau de la mer a varié dans des
proportions assez considérables par suite de ces bouleversements si fréquents
du sommet du cône. C'est ce qui explique les différences d'évaluation que l'on
trouve dans les ouvrages spéciaux et sur les cartes. Dans ces derniers temps
(avant l'éruption) sa hauteur était de 1,300 mètres environ.

cacha complètement, et la pluie de cendres, qui commença
alors, étendit un voile noir sur tout le golfe et le pays.
L'obscurité fut portée à un tel degré qu'à Caserte, éloignée de
20 kilomètres environ, on ne pouvait marcher, en plein midi,
qu'à la lueur des flambeaux. L'éruption dura cinq jours, du
15 au 20. Une particularité qui lui est commune avec celle de
1872, c'est que, malgré la violence du travail souterrain,
malgré l'agitation du sol, la mer resta parfaitement tranquille, et le baromètre n'éprouva aucun changement sensible.

Depuis 1794, les éruptions se sont succédé à des intervalles
assez rapprochés. Parmi les plus importantes, nous citerons
celles : de 1805 qui donna naissance à une douzaine de
petits cônes, de 1822 observée par Humboldt, de 1858 dont
la lave combla une vallée appelée *Fosso-Grande* au point de
la transformer en colline, et enfin celles de 1867-68 dont
nous avons parlé plus haut.

Si l'on veut se rendre compte des ravages exercés pério-
diquement par le volcan, on n'a qu'à suivre le chemin de fer
de Naples à Pompéï.

Cette excursion, qu'on ne saurait trop recommander aux
personnes s'intéressant à la géologie, est des plus instruc-
tives au point de vue de l'étude des phénomènes volcaniques
et de l'histoire des éruptions du Vésuve. La voie traverse, en
effet, entre Portici et Résina, à Granatello, un courant de lave
de 1631 ; à la Scala et à Calastro, deux autres courants de
la même époque ; à Torre del Greco on trouve le grand courant de 1794 dont nous avons parlé et que l'on voit se jeter
dans la mer ; enfin, entre Torre del Greco et Torre de
l'Annunziata, de petits courants datant de 1806, 1631, 1805,
et une grande coulée de 1631 près de cette dernière ville. L'on
peut ainsi, dans quelques heures, étudier les diverses variétés
de laves, et se rendre compte de leur différence de structure

suivant leur ancienneté et suivant l'époque de leur émission.

Le Vésuve est, on le voit, un redoutable voisin pour les villes qui l'entourent. Il ne leur laisse guère de longs répits. Trop souvent les malheureux habitants sont obligés de s'enfuir en toute hâte, sans avoir parfois le temps d'emporter leurs objets les plus précieux. En quelques secondes ils voient s'écrouler sous le fleuve de feu leurs demeures et disparaître le fruit de leurs travaux. L'éruption à peine terminée, ils s'empressent cependant de revenir et de reconstruire, sur cette lave à peine refroidie, un nouveau village. C'est ainsi que le Torre del Greco actuel est bâti sur deux ou trois villes superposées. L'on oublie vite le danger dans ce pays où le ciel est si beau, la vie si facile et si joyeuse, la terre si bonne mère.

D'ailleurs le volcan est un peu comme la lance d'Achille. Il guérit les blessures qu'il fait. J'ai dit, en commençant, quelle luxuriante végétation offrait la base de la montagne. Partout où s'étend le sol d'origine volcanique il en est de même. Dans l'île d'Ischia, dont les volcans sont en repos depuis les temps modernes, les anciens cratères sont couverts d'arbres et d'arbustes d'une vigueur incroyable. « La fertilité de ce sol vierge, dit Lyell, en parlant du cône de Rotaro, est telle, que les arbustes y sont devenus presque arborescents, et que la végétation de la plupart des petites plantes sauvages qu'on y rencontre a pris un développement si considérable que les botanistes ont eu de la peine à en reconnaître les espèces. » Quel touriste ne s'est pas arrêté, émerveillé, devant les gigantesques chênes-verts qui s'élèvent sur le sol trachitique de Castel Gondolfo, d'Albano et de Némi.

C'est qu'en effet ces déjections volcaniques renferment tous les éléments nécessaires à la nutrition et au développement du végétal, et elles les renferment sous une forme facilement assimilable. Par leur décomposition elles sont une source abondante de potasse, de chaux, de silice soluble et d'ammoniaque. Aussi M. G. Ville, dans ses conférences agricoles, cite-t-il les cendres volcaniques parmi les substances d'où l'on peut extraire économiquement les sels ammoniacaux nécessaires à l'agriculture (1).

Les matières rejetées par le volcan pendant la dernière éruption ont, dans un rayon de plusieurs lieues, couvert la terre et ont brûlé toutes les récoltes sur pied, mais aux premières pluies elles vont se couvrir d'un tapis de mousse et d'hépatiques qui fixeront ce sol mouvant et prépareront sa prochaine et inépuisable fécondité. La lave elle-même, qui consume tout sur son passage, et qui, par sa dureté et sa résistance aux agents atmosphériques, semble être la négation de la vie organisée, n'est point aussi rebelle qu'il le paraît d'abord aux envahissements de la végétation.

D'humbles et de fragiles organismes végétaux se font les agents de la décomposition de la roche. Quelques années, six ans environ après sa solidification, la lave commence à se couvrir de quelques lichens. Une espèce est surtout abondante et caractéristique, c'est le *Stereocaulon vesuvianum* (2). Ses filaments s'insinuent dans les porosités de la lave, attaquent lentement, mais sûrement, sa surface, et y forment une légère couche d'humus sur laquelle germeront, au bout de quelques années, quelques plantes herbacées, le *Centranthus ruber*, l'*Helichrysum littoreum*, etc. Ceux-ci augmenteront, petit à petit, l'épaisseur de la couche végétale où croîtront plus tard des arbustes, en particulier des genêts

(1) *Revue des cours scientifiques.* 1869, p. 118.

(2) G. Licopoli. — *Storia naturali delle piante crillogamæ che nascono sulli lave Ve urani.* Naples, 1871.

et des cytises (*Spartium scoparium, junceum; Colutea arborescens; Cytisus triflorus et laburnum*).

Un siècle à peine est nécessaire pour cette transformation et pour l'apparition de la végétation arborescente. Mais trop souvent ce travail de la nature est troublé, dans son cours, par une nouvelle éruption, par un nouveau courant de lave, et tout est à recommencer. C'est à cette cause, et non à la nature du sol, qu'il faut attribuer l'aridité, la nudité de la partie supérieure du Vésuve.

Je regrette que le temps ne m'ait pas permis d'étudier la flore vésuvienne intéressante à tant d'égards. Elle ne compte cependant qu'un nombre assez restreint d'espèces, 7 à 800, sur une superficie de 40 milles carrés (1). Une île voisine, Capri, sur une étendue de 5 milles carrés, en possède presque autant. Elle n'a pas non plus d'espèces qui lui soient propres. Le lichen, *Stereocaulon vesuvianum*, qui est l'espèce la plus caractéristique, se trouve aussi à Ischia et à Caserte. Mais ce sol vierge imprime à la végétation des caractères si particuliers, un développement si inconnu à nos régions tempérées, qu'une herborisation, dans ces parages, est, pour l'amateur de botanique, une source continue de charmantes surprises.

Dans les profondeurs même du cratère, dans les abondantes fumeroles qui se dégagent de la lave commençant à se solidifier, la vie se manifeste par la présence de quelques insectes, les *Coccinella septempunctata, Chrysomela populi* que M. Palmieri à signalés dans l'éruption de 1868. Voilà des coléoptères qui pourraient, à plus juste titre que la salamandre légendaire, revendiquer le merveilleux privilége de de vivre dans le feu.

(1) J. A. PASQUALE. — *Flora vesuviana et Caprensis comparata*. Napoli. 1869.

En présence de ces grands cataclysmes de la nature, l'esprit en cherche instinctivement l'explication et se demande quelles sont l'origine et les causes. Enumérer toutes les hypothèses émises sur les volcans, depuis les systèmes mythologiques des anciens jusqu'aux théories de la science moderne, serait une lourde et difficile tâche. Les nombreux systèmes successivement proposés par les géologues sur l'origine des volcans, ont le tort capital de ne pas tenir compte de tous les faits et de ne pas embrasser tous les éléments du problème. L'hypothèse d'un noyau terrestre central en fusion recouvert d'une légère croûte solidifiée semblait donner, il y a quelques années encore, une explication assez plausible des phénomènes volcaniques. Suivant cette hypothèse, les volcans seraient de simples soupapes de sûreté par où s'échapperait le trop plein du vase terrestre. Cependant quelques objections très-graves ont été faites à cette théorie. Certains calculs sur la précession des équinoxes et sur la nutation, sur les marées, semblent en désaccord avec la supposition du noyau liquide. D'un autre côté, l'observation plus attentive des éruptions rend plus que probable l'indépendance des foyers volcaniques même assez rapprochés, et il est difficile d'admettre que les laves proviennent d'un seul et même réservoir.

Dans ces derniers temps, l'analyse plus attentive des phénomènes volcaniques a révélé quelques faits intéressants. L'importance du rôle joué par l'eau dans les éruptions paraît incontestable. L'on sait l'énorme quantité de vapeur rejetée par les volcans. M. Fouqué, qui a fait de très-belles recherches sur les phénomènes chimiques de l'éruption de l'Etna en 1865, a évalué ce dégagement à plus de deux millions de mètres cubes d'eau pendant cent jours. Il a établi, de plus, que la série graduelle des émanations de ce volcan est celle qui doit se produire par la décomposition de l'eau de mer à une haute température. En examinant, d'une autre part, une carte des volcans en activité à la surface du globe, il est facile de se convaincre que ceux-ci sont, à peu près tous, situés sur les bords de la mer ou à une très-petite distance. L'on sait aussi l'abondance des sources thermales dans les régions volcaniques anciennes et modernes, et, comme le fait si bien observer Lyell, il y a une plus grande analogie qu'il ne le parait au premier abord entre les matières rejetées par les volcans et celles qu'émettent les eaux minérales.

Suivant une théorie émise par sir J. Herschell et reprise par M. Sterry Hunt, le noyau central serait solide, mais la partie la plus inférieure des terrains sédimentaires aurait une température assez élevée pour que les roches qui les composent entrent en fusion. Ce serait à ce niveau relativement peu profond que se trouverait le foyer des phénomènes volcaniques. Par les fissures et les failles, si nombreuses dans les régions de formation ignée, l'eau de mer pénétrerait jusque dans ce foyer et y serait réduite en vapeur. Qu'un soulèvement ou qu'un affaissement du sol amène un dérangement dans ces failles et que la communication avec le fond de la mer se trouve ainsi interrompue par suite de la pression à laquelle elle est soumise et de sa haute température, cette vapeur acquerra une énorme tension capable de rompre la croûte terrestre à l'endroit où celle-ci offre le moins de résistance et de soulever jusqu'à la surface du sol les matières en fusion qui se trouvent dans le foyer volcanique.

Sans doute cette théorie est loin d'être complètement satisfaisante. Elle ne rend que très-insuffisamment compte de ce qu'il y a de mystérieux et d'obscur dans ces actions souterraines. Elle a du moins le mérite de chercher à s'appuyer sur l'observation et sur les faits.

Du reste, sur les phénomènes même les plus directement

observables l'on est encore loin d'être d'accord. Il faudrait presque un volume pour résumer les discussions auxquelles a donné lieu la formation des cônes volcaniques. Se forment-ils, comme l'admettent Léopold de Buch, Élie de Beaumont et une partie de l'École française, par soulèvement, ou ne sont-ils que le simple résultat de l'accumulation des déjections volcaniques sur les bords de l'orifice du cratère, comme le veulent M. Poulet Scrope et les géologues anglais? Et cependant la production de nouveaux cônes est un des phénomènes les plus fréquents des éruptions, et des observateurs éminents ont pu assister *de visu* à cette formation.

Je ne veux point m'étendre davantage, dans ce travail purement descriptif, sur ces questions épineuses dont la discussion exige une compétence et une autorité que je n'ai point. Mon seul but, en les abordant, a été de montrer les difficultés du problème. Puissent ces difficultés et ces incertitudes être un aiguillon de plus pour les travailleurs et les chercheurs. La méthode expérimentale que notre siècle a pour ainsi dire vu naître, a déjà obtenu de merveilleux résultats. A elle de porter la lumière dans ces mystères de la nature, et de résoudre les énigmes que celle-ci ne cesse de nous poser.

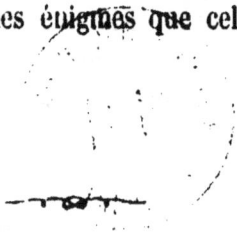